日本超人氣自由之丘名店獨家配方，一個鍋子就能完成！

帕尼尼熱三明治&開放式三明治
Panini & Open sandwiches

自由之丘 BAKESHOP
淺本充
MAKOTO ASAMOTO

U0085733

TK

Introduction

在義大利旅行時，最最喜歡午前的散步時光。

街上隨處可見的小館子裡，除了有濃縮咖啡的香氣外，還會有看起來很好吃的帕尼諾 Panino（通常在義大利會以複數稱帕尼尼 Panini）與烘焙點心、炸奶油麵包 Bombolone…等，吧台邊上十分熱鬧。而混在人群裡點上一杯卡布其諾搭配簡單的帕尼尼是我最喜歡的。幾年前於佛羅倫斯，我與在義大利學習的朋友遇上了非常棒的帕尼尼。對於總是選擇以喬巴達或佛卡夏加上番茄、起司、生火腿的我來說，是非常新鮮美味的體驗。在義大利，僅僅將類似熱狗麵包般，帶有奶香味的甜麵包加上零碎的奶油塊與鯷魚，猛一看並不會覺得好吃，但明明沒有烤過或加熱過的帕尼尼，在一口咬下時充滿口腔的溫潤甜味，與鯷魚強烈的鹹香，瞬間擄獲我的心。詢問朋友後，知道這是鯷魚奶油醬融入烤過的薄脆麵包內，趁熱再放上鯷魚，是款搭配啤酒或氣泡酒時的基本前菜。在這間店裡還有加了松露的瑞可達起司帕尼尼也令我難忘，後悔著當時應該多吃一點。

住在紐約時，記得我在熟食店或咖啡廳裡吃過與義大利截然不同的帕尼尼。這裡的帕尼尼是以橫紋烤盤，將夾了起司與火腿以及大量生菜的麵包，烤出漂亮的烤紋、起司融化的熱三明治。發源於義大利的帕尼尼，到了世界各地後有了各式各樣的變化，對我來說是一件很開心的事，也是我到新的地方旅行時最快樂的期待。

這本書中，搜羅了我曾到訪世界各地吃過的配方並加以演繹後的食譜。大家就算是一時無法備齊這些不太熟悉的食材，或者有些沒吃過的起司、香料…。如果可以一點一點的與各種食材相遇，在新發現中找到樂趣，就是一件令人開心的享受。希望大家可以將此食譜做為參考，自己調整搭配的食材與份量，或者混合醬料與沙拉醬，找到創作屬於自己帕尼尼的樂趣。

因為美味就是所有問題的答案。

淺本充　2014 年 12 月

Contents

※ 所有標示的材料均為 1 人份。製作
1 人份以上的份量，請依人數調整增加。

Panini & Open sandwiches
帕尼尼 & 開放式三明治

有著烤紋的香酥帕尼尼，

與組合各種食材放在一片吐司上做成的開放式三明治，

不論哪種都是在美國及歐洲常見的輕食。

本書的食譜，使用可以簡單烤出烤紋的燒烤煎鍋製作，

介紹世界各式的帕尼尼 & 開放式三明治的好點子。

帕尼尼僅需將食材夾在麵包中壓緊烤過即可；

而開放式三明治與帕尼尼相同，以燒烤煎鍋或者烤麵包機、烤箱，

將食材置於烤好的麵包上就能完成。

請好好享受各種美味帶來的樂趣。

本書中所使用的器具

本書所使用的是日本MEYER的完美燒烤煎鍋（Meyer Perfect Grill pan），鐵氟龍加工煎鍋與玻璃壓板。由於以鐵氟龍加工製成，不易沾鍋適合用來烤麵包與餡料。也可以使用在包含IH的所有爐具。附屬的壓板（玻璃鍋蓋）用於讓帕尼尼烤出烤紋，以及讓麵包與內餡材料緊密結合。

www.meyer.co.jp

※ 也可使用其他品牌的橫紋煎鍋或帕尼尼機製作。調理時間各異，請參照產品說明書。

Bread for panini & open sandwiches

帕尼尼 & 開放式三明治所使用的麵包

本食譜中使用了 7 種麵包
由於帕尼尼需要壓製而成，
所以厚薄適中、柔軟有彈性的麵包較為合適。
因此選用了下列 7 種。
開放式三明治也使用相同的麵包，
搭配適合的食材製作。

1　法式長棍（Baguette）
橫剖對半後使用。壓烤中間白色的部分，烤出烤紋。

2　英式馬芬（English muffin）
橫剖對半後使用。由於麵包本身含水量較低，可以烤出酥脆的口感。

3　雜糧麵包
只要是以裸麥與雜糧製作的麵包都可以。半條切成 8 片厚左右的厚度為佳。與蔬菜類的食材非常對味。

4　喬巴達（Ciabatta）
橫剖對半後使用。在 P12 中介紹了在家中也可簡單製作的方法。口味有原味，迷迭香、橄欖與番茄乾 3 種。依照搭配食材選擇使用。

5　吐司
半條切成 8 片厚左右的厚度為佳。製作帕尼尼使用 2 片，開放式三明治使用 1 片。可以單純的品嚐到食材本身的味道。

6　鄉村麵包（Pain de campagne）
切成厚度 1cm 左右使用。製作帕尼尼使用 2 片，開放式三明治使用 1 片。裸麥微酸的滋味與肉類食材非常合。

7　熱狗麵包
橫剖對半或者切開至中間使用。質地鬆軟容易烤出烤紋，非常適合製作帕尼尼。

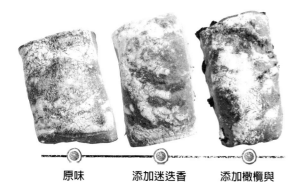

原味　　　　添加迷迭香　　添加橄欖與
　　　　　　　　　　　　　　番茄乾

Homemade Ciabatta
自家製作喬巴達的方法

加 入 迷 迭 香 口 味

材料(原味6個份)

中筋麵粉
500g

酵母
12g

溫水
375cc

鹽
15g

迷迭香(新鮮)1根的葉子或
乾燥的1小匙

3

以橡皮刮刀緩緩攪拌，混合
粉類材料與溫水。

4

將所有沾在鉢盆內的粉類材
料攪拌至混合成團為止。

5

將橡皮刮刀換成弧形刮板，
將麵團攪拌至麻糬左右的彈
性整形成團。

6

撒上適量手粉(中筋麵粉、份
量外)後，覆蓋上保鮮膜靜
置1個鐘頭左右發酵。迷迭
香或橄欖、番茄乾等也在此
時均勻拌入。

11

將麵團移至操作台上。

12

雙手撒上手粉(中筋麵粉、份
量外)，將麵團攤平成1cm
左右厚度。

13

在麵團表面也撒上手粉(中筋
麵粉、份量外)

14

以切麵板切成6等分。

源自北義的麵包，不使用牛奶與清爽的口感，在義大利常用來製作帕尼尼。
只需簡單的材料便可製作，也可使用市售的喬巴達麵包應用在本書的食譜，
自己動手做，風味更加特別。

加入橄欖與番茄乾口味

無子黑橄欖10顆(切片)、
番茄乾2大匙

1
將中筋麵粉放入缽盆中，中央做出凹槽，依序加入鹽、酵母。

2
徐徐加入30～40℃左右的溫水。

7
以30℃左右發酵1個鐘頭。發酵完成狀態如圖。約膨脹至3倍大小。

8
一邊以弧形刮板從四周刮取麵團朝中央集中，底部的麵團以迴轉一圈的方式刮離缽盆。

9
透過刮下麵團的方式排氣，麵團恢復至發酵最初的大小，麵團滾圓均勻後繼續發酵30～40分鐘

10
將操作台與烤盤撒上手粉(中筋麵粉、份量外)

15
切割好的狀態如圖，這樣的形狀直接操作也可以，或者以手整形也好。

16
使用切麵板，將麵團移至烤盤上確實的撒上大量的手粉(中筋麵粉、份量外)

17
靜置20分鐘左右讓表面乾燥。以手指確認如果不沾手就可以放進烤箱烤。以預熱240℃的烤箱烤15～20分鐘左右。

18
麵包上色至喜歡的程度後便可自烤箱取出，置於網架上冷卻。

Ingredients
美味的食材

火腿

生火腿、義式肉腸（Mortadella）或者煙燻牛肉（Pastrami）…等，都是帕尼尼＆開放式三明治的固定材料。雖然食譜中使用了各式的火腿，但不論哪一種都可以使用自己喜歡的火腿替代。

起司

讓烤過的帕尼尼好吃的秘訣是，使用香氣濃郁、容易融化的起司。白霉起司搭配火腿與香草，藍紋起司搭配新鮮的蔬菜與水果，半硬質起司削片添加在開放式三明治上，加工起司（Processed cheese）則適合各種搭配。

醬料

決定味道的關鍵，醬料或者醬汁。本書中主要使用的有8種。將介紹可以做好保存備用的醬料（P18）。

香草與其他

迷迭香或百里香等香料，常用於搭配雞蛋與蔬菜類。無法取得新鮮香草時，可以乾燥的香草替代。此外，也請嘗試搭配新的食材做出各種口味的帕尼尼。

Sauce & Dressings
醬料與沙拉醬

增添食材風味的醬料與沙拉醬，如果可以事先作起來備用，
便可簡單的做出帕尼尼或開放式三明治。

1
芥末美乃滋
Mustard mayonnaise

2
柑橘沙拉醬
Citrus dressing

3
芥末沙拉醬
Mustard dressing

4
油醋沙拉醬
Vinaigrette sauce

5
羅勒醬
Basil sauce

6
白醬
Béchamel Sauce

7
千島沙拉醬
Thousand island dressing

8
塔塔醬
Tartar sauce

1

芥末美乃滋

■ 材料(方便操作的份量、200cc瓶約1瓶份)

美乃滋	150g
芥末醬	50g
黃檸檬汁	1大匙

How to make

將所有的材料放入缽盆中充分混合均勻。

2

柑橘沙拉醬

■ 材料(方便操作的份量、200cc瓶約1瓶份)

黃檸檬汁	1個份
綠萊姆汁	1個份
(也可以使用不甜的黃檸檬汁或柑橘類的濃縮液替代)	
蜂蜜	1大匙
初榨橄欖油	125cc
鹽	1小撮

How to make

將所有的材料放入缽盆中充分混合均勻。或者放入空罐中搖晃均勻。

5

羅勒醬

■ 材料(方便操作的份量、200cc瓶約1瓶份)

新鮮的羅勒葉	100g
大蒜	1片
松子	40g
初榨橄欖油	100cc
鹽	1小撮

How to make

將新鮮的羅勒葉洗淨後充分瀝乾水分，大蒜去皮。將所有的材料放入食物料理機中打至混合均勻，裝入保存容器中。

6

白醬

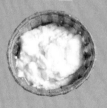

■ 材料(方便操作的份量、200cc瓶約1瓶份)

麵粉	40g
無鹽奶油	40g
牛奶	100cc
鮮奶油	50cc
鹽	1小撮
肉荳蔻	少許

How to make

1 將無鹽奶油放入小鍋中加熱，分次徐徐加入麵粉攪拌均勻。

2 分次倒入牛奶與鮮奶油，攪拌均勻避免結塊。

3 加入鹽、肉荳蔻調味，攪拌至濃稠後即可。裝入保存容器中，冷卻後以冷藏保存。

3

芥末沙拉醬

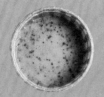

材料（方便操作的份量、200cc 瓶約 1 瓶份）

芥末籽醬......................................40g
蜂蜜...40g
紅酒醋.......................................1 大匙
（亦可使用白酒醋替代）
初榨橄欖油.................................115cc
鹽..1 小撮

✎ How to make

將所有的材料放入缽盆中充分混合均勻。或者放入空罐中搖晃均勻。如想增加濃郁度，可添加膏狀的芥末醬30g，也很美味。

4

油醋沙拉醬

材料（方便操作的份量、200cc 瓶約 1 瓶份）

紅酒醋...50cc
（亦可使用白酒醋替代）
初榨橄欖油..................................150cc
鹽...1 小撮
白胡椒...少許

✎ How to make

將所有的材料放入缽盆中充分混合均勻。或者放入空罐中搖晃均勻。

7

千島沙拉醬

材料（方便操作的份量、200cc 瓶約 1 瓶份）

美乃滋...100g
番茄醬..40g
伍司特醬（Worcestershire sauce）.....1 小匙
辣椒水（Tabasco）........................適量
紅蔥頭切碎..................................1 小匙
（可使用洋蔥替代）
酸豆切碎.....................................1 小匙
酸黃瓜切碎..................................1 小匙

✎ How to make

將所有的材料放入缽盆中充分混合均勻。

8

塔塔醬

材料（方便操作的份量、200cc 瓶約 1 瓶份）

美乃滋...100g
酸黃瓜切碎..................................1 小匙
酸豆切碎.....................................1 小匙
水煮蛋切碎...................................1 個
黃檸檬汁.....................................1 小匙
巴西利切碎..................................1 小撮
鹽..1 少許

✎ How to make

將所有的材料放入缽盆中充分混合均勻。

※ 保存期限白醬約為 1 週，其他 2～3 週左右，以冷藏保存。

 How to make a basic panini

 01

火腿與起司的帕尼尼

只有火腿與起司簡單的帕尼尼。
在此詳細介紹帕尼尼基本的作法與燒烤的訣竅。

▓ 材料（1人份）

Bread
麵包

吐司
半條切成 8 片厚、2 片

＋

去骨熟火腿（Boneless Ham）..............6 片
（簡單說就是火腿片）

披薩用起司絲................................60g
（或自己喜歡的會融化的起司）

平葉巴西利....................................適量
鹽、黑胡椒.................................各適量

Tool
工具

燒烤煎鍋
在麵包表面烤出烤紋，為了與餡料一同壓烤。使用玻璃製的壓板可壓製出烤紋讓成品烤得更香酥。

夾子
將烤過帕尼尼翻面時使用。

Make to next page ⟶

在熄火的狀態下將麵包放入燒烤煎鍋中。

在麵包上鋪滿火腿至看不見麵包為止。

How to make a basic panini

蓋上另一片麵包。

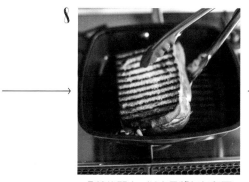

3分鐘後關火，以夾子將麵包翻面。

3

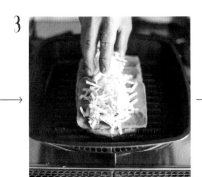

在火腿上鋪起司，融化的起司會擴散，所以盡量將起司堆在中央。

4

撒上大略切碎的平葉巴西利。以鹽、胡椒調味。

6

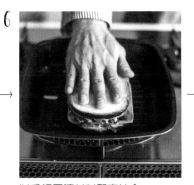

以手輕壓讓材料緊密結合。

7

蓋上壓板輕壓。小心不要讓食材溢出。在這裡才開火，將火量調整至大火。

9

再蓋上壓板，以餘熱煎烤 3 ～ 4 分鐘。以餘熱讓起司融化、背面也烤出烤紋。

10

切成方便食用的對半大小，裝盤即可。

碎肉馬鈴薯開放式三明治 Meat Hash

所謂的 Hash 意即煎炒得香酥的馬鈴薯與培根,是美國餐車上的基本菜色。
以培根滲出來的美味油脂,將馬鈴薯與洋蔥炒透正是重點。

▦ 材料(1人份)

Bread
麵包

吐司
半條切成 8 片厚、1 片

馬鈴薯	1/2 個
洋蔥	1/4 個
培根塊	25g
橄欖油	1 小匙
鹽、黑胡椒	各適量
雞蛋	1 個
切末的細香蔥或蔥	適量

✎ How to make

1　將馬鈴薯、洋蔥、培根塊各切成1cm塊狀大小。將橄欖油倒入平底鍋中,放入材料開大火。

2　鍋中材料呈現微焦時,加入少量的水(份量外),將焦鍋的地方以刮鏟剷離並拌炒。加入鹽、黑胡椒,拌炒時注意保持馬鈴薯塊的完整,炒至表面上色後熄火。

3　吐司以燒烤煎鍋或者烤箱、烤麵包機烤至表面上色。使用另一只平底鍋煎一個荷包蛋。

4　將步驟2放在吐司上。以碎肉馬鈴薯、荷包蛋的順序放好,撒上蔥末即完成。

Point

在拌炒材料時,以常溫的鍋子開始炒是烹調重點。這樣可以讓培根塊中的美味油脂完全釋放。

熱狗沙拉帕尼尼

只是將簡單的熱狗做成帕尼尼，香氣與美味立即提升。
裡面還有芥末沙拉醬與爽脆的蔬菜沙拉。

材料(1人份)

Bread 麵包		**Sauce or Dressing** 醬汁 & 沙拉醬	
熱狗麵包 1個	+	芥末沙拉醬(P19) 1大匙	+

法蘭克福熱狗 1根
番茄 1/8個
葡萄乾 5粒
綜合生菜或萵苣 .... 適量
平葉巴西利 .... 適量
鹽、黑胡椒 .... 各適量

How to make

1　法蘭克福熱狗以喜歡的方式水煮、或者煎熟備用。將綜合生菜、切成適
　　當大小的番茄、略略切碎的平葉巴西利、葡萄乾放入缽盆中，加入鹽、
　　黑胡椒調味。

2　熱狗麵包上下對半剖開、將切開的2片麵包放在燒烤煎鍋上，蓋上壓板
　　以大火烤3分鐘後熄火，只需在單面烤出烤紋。

3　將步驟1的綜合生菜與法蘭克福熱狗置於麵包上，淋上芥末沙拉醬，蓋
　　上另一片麵包即可。

Point

麵包剖開後，以
平放的狀態置於
烤盤煎鍋上烤出
烤紋。上下分離
的狀態也沒關係。

班尼迪克蛋風味開放式三明治

水波蛋下方墊著的白醬是美味的秘密。
使用黑胡椒粉或紅椒粉代替卡宴（Cayenne pepper）辣椒粉也很對味。

■■ 材料（1人份）

Bread
麵包

英式馬芬
1/2 個

＋

Sauce or Dressing
醬汁 & 沙拉醬

白醬（P18）
2 大匙

＋

雞蛋	1 個
醋	50cc
菠菜	1 株
橄欖油	1/2 大匙
無鹽奶油	1/2 大匙
鹽、黑胡椒	各適量
卡宴辣椒粉	適量

（亦可使用紅椒粉替代）

> 卡宴辣椒粉是指乾燥後的辣椒磨製而成
> 的辣椒粉。在大型超市或進口食材店可
> 購得。

☞ How to make

1　在缽盆中裝入冰水備用，準備一只深鍋裝入 1 公升的水煮沸。沸騰後加入醋，轉小火以橡皮刮刀攪拌鍋中熱水。在熱水中間的漩渦處放入雞蛋，轉小火煮 30 秒，熄火靜待 3 分鐘，撈起後放入冰水冷卻，再瀝乾水分。

2　將洗乾淨的菠菜瀝乾水分後切成 2 等分。將橄欖油、無鹽奶油放入熱鍋後的平底鍋中，待奶油融化後放入菠菜拌炒，小心不要炒焦。熄火後施以薄鹽、黑胡椒調味。

3　將英式馬芬上下對半剖開，以燒烤煎鍋或烤箱…等烤至金黃上色。在麵包上塗白醬，把菠菜放在麵包上做成鳥巢狀預留中間凹陷，在凹陷處放上步驟 1 的水波蛋。

4　最後以鹽、黑胡椒、卡宴辣椒粉調味即可。

Point

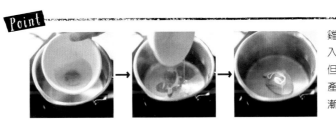

雞蛋事先個別打入容器中再放入熱水裡,一開始蛋白會擴散,但是在預先攪拌過的熱水中會產生離心力,可以調整形狀,漸漸的會變成圓形。

卡門貝爾與義式肉腸帕尼尼

使用油脂較低的豬肉製成的傳統義式肉腸，與濃稠的卡門貝爾起司非常對味。
喜歡吃起司的人也可以混搭各種起司。

■ 材料(1人份)

Bread
麵包

鄉村麵包
1片

＋

Sauce or Dressing
醬料 & 沙拉醬

油醋沙拉醬(P19)
1大匙

＋

卡門貝爾起司..............1個(約200g)
義式肉腸(Mortadella)或
喜歡的火腿.............................. 3片
番茄乾.................................... 2個
(亦可使用新鮮番茄1/4切碎替代)
粉紅胡椒 .... 適量
(亦可使用白胡椒替代)
鹽、黑胡椒............................各適量
芝麻葉或火箭菜(arugula) .... 適量

≫ How to make

1　將義式肉腸置於鄉村麵包上，最後擺上切成薄片的卡門貝爾起司，以及
　　切成一口大小的番茄乾，最後撒上粉紅胡椒、鹽、黑胡椒調味。

2　將步驟1置於烤盤煎鍋上，蓋上另一片鄉村麵包，最後蓋上壓板，以大
　　火烤3分鐘左右。熄火將麵包翻面，再蓋上壓板後靜置4～5分鐘以餘
　　熱加熱。

3　將上方的鄉村麵包掀開後放入芝麻葉，再將麵包蓋好後完成。

Point

卡門貝爾起司切成薄
片，均勻鋪在麵包上，
就不會失敗。

西西里島風味開放式三明治

以許多西西里島特產為材料的開放式三明治。可以用相同的材料做成義大利麵、或者沙拉也很好吃。
非常適合搭配橄欖＆番茄乾口味的喬巴達。

■■ 材料(1人份)

Bread
麵包

＋

Sauce or Dressing
醬料＆沙拉醬

＋

喬巴達(橄欖＆番茄乾
口味的喬巴達)1個

油醋沙拉醬(P19)
1大匙

松子 .... 適量
油漬茄子(P34) 1片
油漬甜椒(P34) 1片
西洋芹菜 .... 15g(約5cm)
蒔蘿 .... 適量
(亦可使用巴西利替代)
鹽、黑胡椒 .... 各適量
莫扎瑞拉起司(Mozzarella) ....
.... 1/2個(約40g)
油漬沙丁魚 3尾

How to make

1　松子以平底鍋略為烤過。油漬茄子與甜椒切成1cm左右塊狀。西洋芹菜
切成薄片。

2　將步驟1與以手撕碎的蒔蘿放入缽盆中，放入油醋沙拉醬、鹽、黑胡椒
混拌均勻。

3　喬巴達對半剖開，以燒烤煎鍋或烤箱烤至表面上色。

4　將依照喜好切成片狀的莫扎瑞拉起司排放在喬巴達上，再放上油漬沙丁
魚以及步驟2就完成了。

橄欖油漬蔬菜作法

提升蔬菜美味的油漬烤蔬菜最適合做成帕尼尼 & 開放式三明治。

與帕尼尼相同，先烤出焦香的烤紋之後再油漬，是美味的秘訣。

▨ 使用的蔬菜

甜椒

櫛瓜

茄子

迷迭香　百里香

大蒜

≋ How to make

1　將甜椒切成 2 ～ 3cm 條狀，櫛瓜與茄子橫切成 5mm 左右片狀。

2　將油倒入燒烤煎鍋中以中火熱鍋。將蔬菜兩面烤出烤紋後起鍋。將蔬菜整齊攤放在淺皿中，倒入可以浸泡蔬菜的橄欖油、事先去皮以刀背拍過的大蒜與迷迭香、百里香後放入冷藏室。

※ 迷迭香、百里香、大蒜添加份量與蔬菜以 4 比 1 的比例添加。

保存方法

靜置一晚後，直接以有蓋子的淺皿容器保存，或放入瓶中亦可。保存期限約為 2 週，除了做成帕尼尼 & 開放式三明治以外，做成義大利麵或沙拉也很美味。

◉ 使用油漬蔬菜做成的食譜

烤蔬菜帕尼尼

使用色彩豐富的油漬蔬菜做成的帕尼尼，
羅勒醬與紅酒醋的組合讓味覺更為濃郁。

材料(1人份)

Bread 麵包		**Sauce or Dressing** 醬料 & 沙拉醬	
鄉村麵包 2片	＋	羅勒醬(P18) 1大匙	＋

油漬櫛瓜(P34) 1片
油漬甜椒(P34) 1片
油漬茄子(P34) 1片
酪梨 1/2個
洋蔥 1/4個
紅酒醋 2小匙
鹽、白胡椒 .... 各適量

How to make

1　油漬櫛瓜、甜椒、茄子、酪梨各切成1cm左右塊狀，洋蔥切絲。

2　將櫛瓜、甜椒、茄子、酪梨放入缽盆中加入紅酒醋、鹽、白胡椒調味
　　後混合均勻。

3　將鄉村麵包置於燒烤煎鍋上，在麵包上放步驟1，加上洋蔥後淋羅勒
　　醬，蓋上另一片鄉村麵包後，蓋上壓板。

4　燒烤煎鍋以大火加熱3分鐘後熄火，翻面再蓋上壓板，靜置3～4分
　　鐘以餘熱加熱後完成。

肉丸子帕尼尼

使用市售肉丸子與番茄醬就可以變化出的速食帕尼尼。烹調時間只需10分鐘。
活用P52的包裝方法，就算是冷了都能直接用微波爐加熱享受美味。

■■ 材料（1人份）

Bread
麵包

熱狗麵包
1個

＋

肉丸 約4個
米莫雷特起司（Mimolette）絲 30g
（亦可使用喜歡的會融化的起司替代）
番茄醬 3小匙

How to make

1　將熱狗麵包上下橫剖對半，下部置於燒烤煎鍋上。

2　將肉丸整齊排放在麵包上，小心不要超過熱狗外，淋上番茄醬並撒上米莫雷特起司絲。

3　蓋上熱狗麵包的上部後蓋上壓板，以大火煎烤2分鐘後熄火。將熱狗麵包翻面，再蓋上壓板以餘熱加熱4～5分鐘。

Point

為了讓成品表面平坦，請將肉丸平均的排放整齊。番茄醬與起司也請平均的放置在肉丸上。肉丸依照品牌大小各異，請自行調整數量與形狀。

酪梨花枝圈帕尼尼

由份量十足的炸烏賊圈與酪梨組合成的三明治。
完成後的帕尼尼高度就算有點高，只要參考P52的包裝方法，不僅方便食用也很容易攜帶。

材料(1人份)

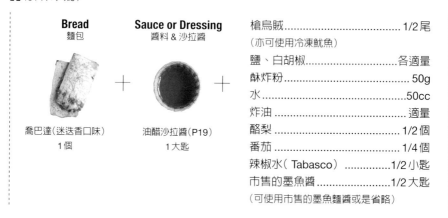

Bread 麵包	Sauce or Dressing 醬料 & 沙拉醬	
喬巴達(迷迭香口味) 1個	油醋沙拉醬(P19) 1大匙	

槍烏賊..........................1/2 尾
(亦可使用冷凍魷魚)
鹽、白胡椒..........................各適量
酥炸粉..........................50g
水..........................50cc
炸油..........................適量
酪梨..........................1/2 個
番茄..........................1/4 個
辣椒水(Tabasco)..............1/2 小匙
市售的墨魚醬.....................1/2 大匙
(可使用市售的墨魚麵醬或是省略)

How to make

1　將槍烏賊切成2cm左右圈狀，在缽盆中以鹽、白胡椒調味。烏賊均勻的裹上酥炸粉加水調勻後的麵衣，以180℃油溫炸熟。

2　酪梨切成喜歡的片狀，番茄切成粗丁備用。將油醋沙拉醬與辣椒水、墨魚醬調勻。

3　喬巴達上下橫剖對切後，以燒烤煎鍋或烤箱烤至表面香酥並烤出烤紋。將酪梨、炸烏賊圈平放在底部喬巴達上，最後撒上番茄丁，淋上墨魚醬與油醋沙拉醬後蓋上另一片喬巴達完成。

北歐風味煙燻鮭魚開放式三明治

麵包確實烤酥冷卻後，佐以奶油起司與煙燻鮭魚是好吃的訣竅。
麵包酥脆的口感與奶油起司、煙燻鮭魚形成美妙的協奏曲。

■ 材料(1人份)

Bread
麵包

鄉村麵包
1片

＋

煙燻鮭魚 3片
酸豆 1大匙
紫洋蔥 ....適量
奶油起司 ....2大匙(約30g)
蒔蘿 ....適量
(亦可使用平葉巴西利代替)
義大利初榨橄欖油 ....適量
黑胡椒 ....適量

≫ How to make

1　鄉村麵包以燒烤煎鍋或烤箱烤至表面輕微上色。酸豆略切、紫洋蔥切薄圈備用。

2　麵包完全冷卻後塗上奶油起司，將煙燻鮭魚置於其上。

3　將紫洋蔥圈、酸豆末、略撕碎的蒔蘿放在麵包上。最後撒上黑胡椒與初榨橄欖油調味完成。

酥炸蝦排塔塔醬帕尼尼

使用冷凍炸蝦排製作就更簡單了。
以美味的醬料與爽脆的高麗菜搭配出歐洲風味。

■■ 材料(1人份)

Bread 麵包 熱狗麵包 1個	**Sauce or Dressing** 醬汁 & 沙拉醬 塔塔醬(P19) 2大匙

鮮蝦 2尾
(亦可使用冷凍炸蝦排替代)
鹽、黑胡椒............................各適量
麵粉 ....適量
蛋液 1個份
麵包粉 ....適量
炸油 ....適量
高麗菜 1/8個
紫色高麗菜 1/8個
卡宴辣椒粉..............................1小撮
(亦可使用一般辣椒粉替代)

How to make

1　蝦子事先施以薄鹽、黑胡椒調味,拍上麵粉後沾上蛋液,裹上麵包粉後以180℃油溫酥炸。

2　高麗菜、紫色高麗菜切絲,以冷水洗過後確實瀝乾備用。熱狗麵包上下對半剖開。

3　將麵包下半部置於燒烤煎鍋上,放上兩色的高麗菜絲與炸蝦,撒上卡宴辣椒粉並抹上塔塔醬。

4　蓋上另一片麵包,最後蓋上壓板,以大火烤3分鐘左右。熄火將麵包翻面,再蓋上壓板後靜置2～3分鐘,以餘熱加熱完成。

蛋卷帕尼尼

以雞蛋、萵苣、番茄簡單食材做成的帕尼尼。
美味的決勝關鍵是自家製的羅勒醬與芥末籽醬的組合。最適合以口感酥脆的麵包製作。

材料(1人份)

Bread 麵包	+	Sauce or Dressing 醬汁 & 沙拉醬	+	
吐司 半條切成8片厚、2片		羅勒醬(P18) 1大匙		蛋 .... 2個 鹽、白胡椒 .... 各適量 無鹽奶油 .... 1小匙 萵苣 .... 1片 番茄片 .... 2片 芥末籽醬 .... 適量

How to make

1. 將無鹽奶油放入平底鍋中,倒入以鹽、白胡椒調味過的蛋液。整體輕拌均勻,表面凝結後轉大火,等表面上色後,熄火對折。

2. 將2片吐司置於燒烤煎鍋上,蓋上壓板,以大火烤3分鐘左右。熄火將麵包翻面,再蓋上壓板後靜置2～3分鐘以餘熱加熱。

3. 在一片吐司上方依序以蛋卷、萵苣、番茄的順序放好後淋上羅勒醬與芥末籽醬,再蓋上另一片吐司就完成了。

Point

蛋卷熄火之後將蛋捲起,以餘溫加熱。靜置2～3分鐘之後移至吐司上。

生火腿與蘑菇的開放式三明治

生火腿與蘑菇這樣的組合是法式沙拉的基本搭配。
這是一款與白酒很合拍,屬於成熟風味的開放式三明治。

■■ 材料(1人份)

Bread
麵包

英式馬芬
1個

＋

Sauce or Dressing
醬汁 & 沙拉醬

柑橘沙拉醬(P18)
2小匙

＋

蘑菇 3個
黃檸檬汁 ....適量
紅蔥頭..1/4個
(亦可使用紫洋蔥替代)
平葉巴西利.....................................適量
鹽、白胡椒..............................各適量
生火腿 2片
帕馬森起司(Parmesan) ....適量

≋ How to make

1　英式馬芬上下對半橫剖開,以燒烤煎鍋或烤箱烤過。蘑菇切成薄片,淋
上黃檸檬汁略為混合。

2　將切碎的紅蔥頭、平葉巴西利、蘑菇放入缽盆中,加入柑橘沙拉醬、
鹽、白胡椒後混合均勻。

3　將生火腿、步驟2 依序放在英式馬芬上,最後撒上削成薄片的帕馬森起
司,完成。

Point

生蘑菇經過一段時間會變色,
淋上黃檸檬汁防止變色。如果
沒有黃檸檬汁也可以使用少量
的柑橘沙拉醬替代也 OK,或
者具有酸味的材料也可以。

炸魚排帕尼尼

來自英式炸魚排的靈感做成的帕尼尼。
材料中有大量的蔬菜，充分享受美好的口感。

材料（1人份）

Bread
麵包

英式馬芬
1個

　＋　

Sauce or Dressing
醬汁 & 沙拉醬

塔塔醬（P19）
2大匙

　＋　

白肉魚	1尾（約40g）

（推薦使用鱈魚或旗魚）

鹽、白胡椒	各適量
酥炸粉	50g
碳酸水	50cc
炸油	適量
番茄	1/2個
紫洋蔥	適量
生菜葉	2片
芽菜	1/2包

How to make

1　白肉魚以鹽、白胡椒調味，酥炸粉以碳酸水調勻製成麵衣。將白肉魚裹上麵衣後以180℃酥炸熟。

2　將番茄、紫洋蔥切片。芽菜與生菜葉洗淨後瀝乾。

3　將對半剖開的英式馬芬置於燒烤煎鍋上，蓋上壓板，以大火烤3分鐘左右。熄火將麵包翻面，再蓋上壓板後靜置2～3分鐘以餘熱加熱。

4　在英式馬芬上方依序以生菜葉、番茄、炸魚排、紫洋蔥、芽菜的順序放好，淋上塔塔醬。蓋上另一片馬芬即完成。

Point

炸魚排的麵衣，以碳酸水或啤酒製作是訣竅，可以做出英國道地酥脆的外皮。油炸時使用微微蓋過魚排程度的少量炸油即可。

帕尼尼 & 開放式三明治的包裝方法

在這裡要介紹一種,不論三明治的厚度有多厚都可以方便食用,不會讓內餡四處散落的魔法包裝法!
不論是午餐的便當或者外帶都非常適合。

■ 準備的材料

玻璃紙(glassine)或蠟紙,表面光滑的紙張,也可以使用烘焙紙替代。

也有這種口袋型的蠟紙,這樣的也OK。

◎ 基本包裝法

餡料不易散落,方便取食的包裝法。
不論餡料的份量有多少,只要使用這種方法包裝,都可以一口咬下。

1	2	3	4	5

請準備尺寸約麵包3倍大的蠟紙。將帕尼尼置於正中央。	將玻璃紙的兩端朝正中央集中。	將集中後的蠟紙朝帕尼尼捲起。	捲好的狀態如圖。以手壓住。	將兩端折成三角形。

6	7	8	9	10

折好的狀態如圖。	將折好的左右兩邊朝背面折。	折好的狀態如圖。折好的邊變成底部,材料便不會四散。	另一邊也以同樣狀態折好。	享用時從正中間切開成兩等分。

11	完成了!	
 切好的狀態如圖。撥開些許蠟紙袋享用。		**包 裝 建 議**  以玻璃紙或者蠟紙包好後,可使用包裝紙或者麻繩等固定。最後使用香草或乾燥花裝飾也很美。

⊚ 變化款

喬巴達或是英式馬芬等不需要切，
直接享用的帕尼尼，推薦使用這樣的包裝法。

1

請準備寬度為帕尼尼2倍，長度充分的玻璃紙或蠟紙。置於紙張正中央上方，帕尼尼微微露出一小部分。

2

將紙張朝帕尼尼對折至完全覆蓋住。

3

將折好的一端往後折回2次。

4

以包住帕尼尼的方式，將紙張的兩端壓緊。

5

接著壓緊帕尼尼，折好單邊。

6

另一邊朝反方向折。

7

將剩下長度過長的部分朝中間反折。

完成了！

⊚ 開放式三明治的包法

1

請準備尺寸為開放式三明治3~4倍大小的玻璃紙。如果是有圖案的紙張請將圖案朝下，開方式三明治置於正中央。

2

將下方紙張朝三明治對折。

3

另一邊也以同樣方法折好。

4

接著再對折。

5

另一邊也相同對折。

6

將折好的部分立起來，捏起左右兩端。

7

捏至開放式三明治的邊緣。

8

將捏起的兩端捲起。

9

再捲一次讓捲起的部分也立起來。

完成了！

越南風味法式麵包帕尼尼

將享用沙拉般的越南名菜"越式三明治"做成帕尼尼。
爽脆的蔬菜與烤得香酥的法國麵包非常對味。

材料(1人份)

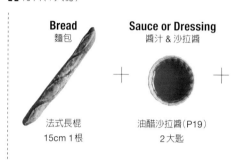

Bread
麵包

法式長棍
15cm 1根

Sauce or Dressing
醬汁 & 沙拉醬

油醋沙拉醬(P19)
2大匙

白蘿蔔	15g
胡蘿蔔	10g
小黃瓜	1/2根
櫻桃蘿蔔	2個
紫洋蔥	20g
香菜	適量
鹽、白胡椒	各適量
牛肉薄片	60g
魚露	1小匙
蜂蜜	1小匙

How to make

1　白蘿蔔、胡蘿蔔、小黃瓜切絲、櫻桃蘿蔔、紫洋蔥切成薄片。香菜切成方便食用的大小。將所有材料放入缽盆中、加上鹽、白胡椒調味,混合均勻。

2　煮滾一鍋水,放入切成薄片的牛肉略為汆燙至喜歡的熟度。以冷水降溫、充分瀝乾水分後放入步驟1的缽盆中。

3　加入魚露、蜂蜜、油醋沙拉醬,充分混合均勻。放入冷藏室靜置30分鐘使材料充分入味。

4　將橫剖對半的法式長棍,內側朝下置於烤盤煎鍋上,蓋上壓板,單面以大火烤3分鐘左右。將步驟3自冰箱取出後以法式長棍夾起即可享用。

使用具有酸味的油醋沙拉醬與蜂蜜、魚露等,混合蔬菜與牛肉做成涼拌菜。為了使材料充分入味,請將蔬菜切薄切細一些。

TERIYAKI 照燒雞肉帕尼尼

多汁的雞肉裹上照燒醬佐以起司，是款非常美味的帕尼尼。
不論大人小孩都喜歡的味道。

■■ 材料(1人份)

Bread
麵包

喬巴達(迷迭香口味)
1個

雞腿肉	1塊
橄欖油	1/2小匙
蠶豆	1大匙
洋蔥	1/4個
玉米	1大匙
鹽、黑胡椒	各適量
喜歡的起司片	2片

（照燒醬）

醬油	20cc
味醂	25cc
砂糖	少許
無鹽奶油	8g

How to make

1　將照燒醬的所有材料放入小鍋中，一沸騰就熄火，放涼備用。

2　將橄欖油放入燒熱的平底鍋中，雞皮朝下以大火煎。翻面後轉中火，將鼓起的雞皮插入竹籤約3秒左右。拉起竹籤觸摸是熱的之後倒入照燒醬熄火。

3　蠶豆水煮後去皮，玉米以平底鍋略為炒過，洋蔥切絲後炒軟。將洋蔥以鹽、黑胡椒略調味。

4　喬巴達對半剖開，不要切斷，夾入切成方便食用大小的雞肉、步驟3準備好的材料與起司片。

5　將步驟4置於燒烤煎鍋上，蓋上壓板後開大火，將麵包烤至喜歡的程度後關火、翻面。再度蓋上壓板，以餘熱將另一面烤出烤紋後完成。

Point

為了不使照燒醬燒焦，
用湯匙以畫圈的方式均
勻的將醬汁澆淋在雞肉
上，使其充分入味。

BLB 帕尼尼

培根、萵苣與藍紋起司組合的帕尼尼。萵苣與培根一同烤過後夾入麵包中，不敢吃藍紋起司的人，可以使用會融化的起司替代。

■■ 材料(1人份)

Bread 麵包	**Sauce or Dressing** 醬料 & 沙拉醬	培根 2片
熱狗麵包 1個	芥末美乃滋(P18) 1大匙	萵苣 1/4個
		核桃 2個
		藍紋起司 .... 30～40g

≋ How to make

1　將培根與萵苣置於事先熱鍋的燒烤煎鍋上雙面煎過。將核桃以烤箱烤出香味約5分鐘。

2　將熱狗麵包上下橫剖對半，底部麵包置於燒烤煎鍋上。

3　將萵苣與培根排放在麵包上，放上頂部麵包後蓋上壓板，以大火煎烤3分鐘後熄火。將熱狗麵包翻面，再蓋上壓板以餘熱加熱3～4分鐘。

4　取出鍋中烤好的麵包，打開上蓋，夾入藍紋起司與核桃、最後淋上芥末美乃滋完成。

Point

直接將未剝開的萵苣以燒烤煎鍋烤出烤紋。培根切厚一點會更美味。

炸魚餅風味帕尼尼

在英國或愛爾蘭可以吃到的薯泥與炸魚餅,以油漬沙丁魚做變化。
將薯泥塗成奶油般的厚度是美味的關鍵。

■■ 材料(1人份)

Bread 麵包		**Sauce or Dressing** 醬料 & 沙拉醬	
吐司 半條切成8片厚、2片	+	柑橘沙拉醬(P18) 1小匙	+

馬鈴薯..................................1個
無鹽奶油 1大匙
牛奶 15cc
油漬沙丁魚............................. 6尾
油漬甜椒(P34) 1個份
鹽、白胡椒..........................各適量
紅椒粉.................................. 適量
細香蔥.................................. 適量
(或以切細的蔥類替代)

◎ How to make

1 馬鈴薯帶皮洗淨後,以略略沾濕的廚房紙巾或保鮮膜包妥。直接以微波
　 爐(600W)加熱5分鐘,直到以竹籤可以戳穿的程度。

2 馬鈴薯趁熱去皮,放入缽盆中加入無鹽奶油、牛奶、鹽,以木杓搗成滑
　 順的泥狀。最後以濾篩壓篩使其更為滑順。

3 吐司塗上步驟1,置於燒烤煎鍋上,整齊排上油漬沙丁魚、油漬甜椒。撒
　 上鹽、白胡椒、細香蔥、紅椒粉,最後蓋上另一片吐司。

4 將壓板置於步驟3上,以大火煎烤3分鐘後熄火。將吐司翻面後,再蓋上
　 壓板以餘熱加熱4～5分鐘後完成。

西班牙式開放三明治

將海鮮或西班牙臘腸（Chorizo）…等西班牙鍋飯的材料，放在開放式三明治上。
在與麵包組合前確實的將材料調味是烹調重點。將麵包切成小塊，以小點心的感覺享用。

材料(1人份)

Bread
麵包

＋

Sauce or Dressing
醬料 & 沙拉醬

＋

雜糧麵包
半條切成8片厚、1片

油醋沙拉醬(P19)
1小匙

切成圈狀的槍烏賊.............4個
(可使用冷凍的替代)
西班牙臘腸.........................1條
(也可以用辣味臘腸替代)
油漬甜椒(P34)............ 1/2個份
橄欖油.............................2小匙
大蒜 1/4個

百里香.................................1株
小番茄.................................2個
鹽、白胡椒................... 各適量
奧勒岡(乾燥) ....適量
生火腿.................................1片

How to make

1 西班牙臘腸對半切，油漬甜椒切成一口大小。

2 將橄欖油、切成片的大蒜放入事先熱鍋的燒烤煎鍋或者平底鍋中，拌炒
   至輕微上色後，放入烏賊圈、西班牙臘腸、百里香拌炒均勻。炒好後移
   至缽盆中。

3 將油漬甜椒、切成4等分的小番茄、油醋沙拉醬、鹽、白胡椒放入步驟2
   中混合均勻。

4 將雜糧麵包以燒烤煎鍋或烤箱烤至喜歡的程度，將步驟3、撕成一口大
   小的生火腿、奧勒岡置於麵包上，即可享用。

薑汁豬肉帕尼尼

照燒醬炒豬肉與洋蔥的帕尼尼。
豪邁份量的美味享受。

■■ 材料(1人份)

Bread
麵包

吐司
半條切成8片厚、2片

＋

豬五花肉 100g
洋蔥 1/2個
生薑 10g
照燒醬(P56) ....30 ～ 40cc
平葉巴西利.......................................適量

How to make

1　將切成薄片的豬五花、切成圈狀的洋蔥、切絲的生薑放入平底鍋中，炒熟。

2　熄火，淋上照燒醬，以餘熱將醬汁與材料拌炒均勻。最後加入切碎的平葉巴西利。

3　以燒烤煎鍋或烤箱烤吐司，將步驟1的湯汁瀝乾後夾入即完成。

Point

在淋上醬汁前先將豬肉與洋蔥以燒烤煎鍋確實的煎烤至香酥、烤出烤紋。這樣一來再淋上醬汁後會更美味。

炒蛋與煙燻鮭魚帕尼尼

滑嫩的炒蛋搭配煙燻鮭魚，是款北歐風的帕尼尼。
使用橡皮刮刀便可簡單做出口感滑嫩的炒蛋。

■■ 材料(1人份)

Bread 麵包	+	**Sauce or Dressing** 醬料 & 沙拉醬	+	雞蛋 2個
英式馬芬 1個		芥末沙拉醬(P19) 1小匙		牛奶 ....10cc 鹽、白胡椒............................各適量 無鹽奶油 ....2小匙 煙燻鮭魚 ....3片 芥末籽醬 ....2小匙 細香蔥..適量 (或以切細的蔥類替代)

≋ How to make

1. 將雞蛋、牛奶、鹽、白胡椒放入缽盆中充分攪拌均勻成蛋液。

2. 以中火熱鍋，放入無鹽奶油。奶油融化後，將步驟1倒入鍋中後調整火力，將火轉弱一些，以橡皮刮刀充分攪拌均勻，將雞蛋炒至喜歡的硬度。

3. 將對半剖開的英式馬芬置於燒烤煎鍋上，蓋上壓板，以大火烤3分鐘左右。熄火將馬芬翻面，再蓋上壓板後靜置2～3分鐘以餘熱加熱。

4. 在英式馬芬上方擺上炒蛋、芥末籽醬、煙燻鮭魚，放好後淋上芥末沙拉醬。蓋上另一片馬芬就可享用。

Point

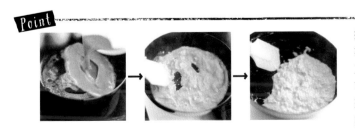

奶油融化開始起泡時儘早放入蛋液。為了不使雞蛋結塊迅速的使用橡皮刮刀攪拌。拌炒時若有硬塊產生的情形，可以先將鍋子離火也沒關係。蛋液呈現半熟狀態後移至鍋邊，整形成方便夾入馬芬中的形狀。

雞肉沙拉帕尼尼

將烤的香氣四溢的雞肉，淋上芥末醬後做成三明治。
健康的雞柳以燒烤煎鍋可以烤的香味十足。

■■ 材料（1人份）

Bread
麵包

＋

Sauce or Dressing
醬料 & 沙拉醬

＋

雜糧麵包
半條切成8片厚、2片

芥末沙拉醬（P19）
2大匙

核桃	2個
西洋芹菜	1/4根
紫洋蔥末	1/2大匙
橄欖油	1小匙
雞柳條	1～1.5條
百里香	1/2株
迷迭香	1/2株
印度咖哩粉（Garam masala）	1小撮
鹽、白胡椒	各適量
捲葉萵苣	適量

How to make

1　將核桃以烤箱烤出香味，約5分鐘左右。西洋芹菜切薄片。

2　將橄欖油以及百里香、迷迭香放入燒烤煎鍋或平底鍋中加熱，飄出香味後放入雞柳條。煎烤好之後放涼切成適當大小備用。

3　準備一個較大的缽盆，放入以手剝碎的核桃、雞柳條、西洋芹菜、紫洋蔥末、印度咖哩粉、印度咖哩粉、鹽、白胡椒混合均勻。

4　將雜糧麵包置於燒烤煎鍋上，蓋上壓板，以大火烤3分鐘左右。熄火將麵包翻面，再蓋上壓板後靜置2～3分鐘以餘熱加熱。在烤好的雜糧麵包上擺上捲葉萵苣，放上步驟3再蓋上另一片麵包即完成。

Point

加入了橄欖油煎烤，使得雞肉也沾染了香料的香氣。將百里香、迷迭香與雞肉一同放好後，開火煎烤。

23

綜合海鮮開放式三明治

先將海鮮以香草油漬之後再烤。
以厚度較厚的喬巴達佐以千島沙拉醬豪邁的享用。

材料(1人份)

Bread 麵包		Sauce or Dressing 醬料 & 沙拉醬	
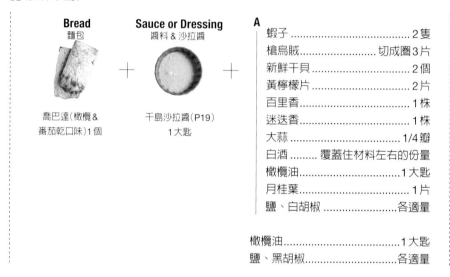 喬巴達(橄欖 & 番茄乾口味)1個	+	千島沙拉醬(P19) 1大匙	+

A

蝦子	2隻
槍烏賊	切成圈3片
新鮮干貝	2個
黃檸檬片	2片
百里香	1株
迷迭香	1株
大蒜	1/4瓣
白酒	覆蓋住材料左右的份量
橄欖油	1大匙
月桂葉	1片
鹽、白胡椒	各適量

橄欖油	1大匙
鹽、黑胡椒	各適量

How to make

1　將材料A放入容器中混合，在冷藏下靜置一晚使其入味。

2　將橄欖油倒入燒烤煎鍋或平底鍋中，將步驟1中的百里香、迷迭香、大蒜、黃檸檬片、月桂葉取出放入鍋中，以大火煎烤至飄出香味後，取出上述香料，放入所有海鮮材料。煎烤至表面上色後熄火，取2大匙容器中殘留的湯汁澆淋在鍋中，最後趁著餘溫加入鹽、黑胡椒調味。

3　喬巴達剖半以烤箱或者燒烤煎鍋烤至香酥上色。取千島沙拉醬備用。將2準備好的海鮮放在喬巴達上面，吃的時候淋上千島沙拉醬。

烤蔬菜與煙燻起司帕尼尼

烤熟的蔬菜以橄欖油油漬(P34)加上煙燻起司的二明治。
沒有多餘的調味,享受食材本身美好滋味的帕尼尼

■■ 材料(1人份)

Bread
麵包

鄉村麵包
2片

＋

煙燻起司	50g
松子	適量
油漬茄子(P34)	3片
油漬櫛瓜(P34)	3片
鹽、黑胡椒	各適量

≈ How to make

1　以起司刨刀將煙燻起司刨成薄片。松子以平底鍋乾煎至表面上色。

2　將油漬茄子、櫛瓜平放在鄉村麵包上,撒上松子、鹽、黑胡椒以及煙燻
　　起司,蓋上另一片鄉村麵包。

3　將步驟1置於烤盤煎鍋上,蓋上壓板,以大火烤3分鐘左右。熄火將麵包
　　翻面,再蓋上壓板後以餘溫烘烤3分鐘後完成。

Point

煙燻過的起司香氣更濃郁。本食譜
中使用 Caciocavallo 起司,但是
只要是煙燻起司任何種類都可以。
松子透過乾煎的過程讓香氣釋出,
夾入帕尼尼味道更好。

尼斯風味帕尼尼

使用大量鮪魚的尼斯沙拉風味帕尼尼。
佐以添加了橄欖與黃檸檬的油醋沙拉醬,口感清爽,與烤得薄脆的鄉村麵包非常搭。

▌▌材料(1人份)

Bread 麵包		**Sauce or Dressing** 醬料 & 沙拉醬	
	+		+
鄉村麵包 2片		油醋沙拉醬(P19) 1大匙	

黑橄欖	3個
黃檸檬	1/4個
酸豆	½大匙
蒔蘿	適量
鹽、黑胡椒	各適量
美乃滋	1/2大匙
鮪魚罐頭	1罐
墨西哥醃辣椒	1/2根
(或以酸黃瓜替代)	

⫸ How to make

1 黑橄欖切片、黃檸檬切成圓片、酸豆切成粗末。

2 將切過的黑橄欖、黃檸檬、酸豆、撕成適當大小的蒔蘿、鹽、
黑胡椒放入缽盆中略為混合。

3 將油醋沙拉醬、美乃滋、放入步驟2中。最後放入鮪魚,小心
不要破壞鮪魚的形狀。

4 將鄉村麵包以燒烤煎鍋或烤箱烤脆後,夾入步驟3,最後頂端
放上對剖的墨西哥醃辣椒,以牙籤固定就完成了。

托斯卡尼風味生火腿帕尼尼

義大利的托斯卡尼常見的生火腿與鯷魚，加上花椰菜的帕尼尼。
花椰菜以橄欖油、鹽事先調味，大量夾入麵包裡豪邁的享用。

■■ 材料(1人份)

Bread 麵包		**Sauce or Dressing** 醬料 & 沙拉醬		
	+		+	
喬巴達(橄欖&番茄乾 口味的喬巴達)1個		油醋沙拉醬(P19) 1大匙		

白花椰菜 1/2朵
去核綠橄欖.............................. 3個
鹽、黑胡椒............................各適量
生火腿.............................2〜3片

How to make

1　以大量的熱水將白花椰菜燙煮至喜歡的硬度。喬巴達橫剖對半。

2　將切片的綠橄欖、以手剝成適當大小步驟1中的白花椰菜一起放入
　　缽盆中。放入油醋沙拉醬、鹽、黑胡椒後混合均勻。

3　以燒烤煎鍋或烤箱將喬巴達烤至酥脆上色後，夾入生火腿與步驟2
　　後完成。

鯷魚 & 奶油帕尼尼

義大利的特色前菜帕尼尼。
趁熱搭配啤酒或氣泡酒。

■■ 材料(1人份)

Bread
麵包

吐司
半條切成8片厚、2片

無鹽奶油 .... 適量
鯷魚 3條

How to make

1　將吐司置於燒烤煎鍋上，均勻的在麵包整體塗上適量的奶油。在奶油上面放上鯷魚後蓋上另一片吐司。最後蓋上壓板。

2　以大火加熱燒烤煎鍋，3分鐘後熄火。翻面後再度蓋上壓板，以餘熱加熱4～5分鐘後完成。

煙燻牛肉與酸白菜帕尼尼

被稱為魯賓 Reuben 的三明治是紐約熟食店的基本帕尼尼。
酸白菜使用市售商品，如果買不到的話，使用大量的醃漬蔬菜替代也很美味。

材料(1人份)

Bread 麵包		**Sauce or Dressing** 醬料 & 沙拉醬	

鄉村麵包　2片　＋　千島沙拉醬(P19)　1大匙　＋

黃芥末醬 1大匙
煙燻牛肉(pastrami) 60g
(也可以使用烤牛肉替代)
酸白菜 60g
酸黃瓜 ....適量
芥末籽醬 ....適量

How to make

1　將鄉村麵包置於燒烤煎鍋上，依照黃芥末醬、煙燻牛肉、酸白菜、千島沙拉醬的順序放在麵包上，蓋上另一片麵包。

2　蓋上壓板。以大火加熱燒烤煎鍋、3分鐘後熄火。翻面後再度蓋上壓板，以餘熱加熱3～4分鐘後完成。享用時佐以酸黃瓜與芥末籽醬。

布魯克林風味俱樂部沙拉帕尼尼

蟹肉與起司的帕尼尼。
這是喜歡海鮮的布魯克林人最熱愛的口味。

■■ 材料(1人份)

Bread 麵包		Sauce or Dressing 醬料 & 沙拉醬	
喬巴達(迷迭香口味) 1個	+	千島沙拉醬(P19) 1大匙	+

蟹肉罐頭 約70g
小番茄................................... 3個
米莫雷特起司(Mimolette)......... 30g
酸豆 1大匙
蘿曼生菜 2片
(或以其他生菜替代)
粉紅胡椒 1小匙
(或以白胡椒粗末替代)

≋ How to make

1　將蟹肉罐頭、切成對半的小番茄、以手剝碎的米莫雷特起司、酸豆、千島沙拉醬放入缽盆中混合均勻。

2　將喬巴達橫剖對半,以燒烤煎鍋或烤箱烤至上色。將蘿曼生菜鋪在單片喬巴達上,放上步驟1,撒上粉紅胡椒。蓋上另一片喬巴達、完成。

綠沙拉開放式三明治

放了許多西洋芹菜與酪梨在雜糧麵包上的開放式三明治。
佐以清爽的柑橘沙拉醬。

■■ 材料(1人份)

Bread 麵包	**Sauce or Dressing** 醬料＆沙拉醬	
雜糧麵包 半條切成8片厚、1片	柑橘沙拉醬(P18) 1大匙	

酪梨 1/2個
西洋芹菜 1/4根
西洋菜(Cresson) ....適量
平葉巴西利...............................適量
鹽、黑胡椒..........................各適量
花生醬....................................1大匙
奶油起司................................1大匙
黃檸檬....................................1個

How to make

1　將酪梨與西洋芹菜切片，西洋菜與平葉巴西利以手撕碎，全部放入缽盆中，以鹽、胡椒調味。

2　加入柑橘沙拉醬，如果味道不夠的話再增加份量混合均勻。

3　將雜糧麵包以燒烤煎鍋或烤箱烤過，以花生醬、奶油起司的順序塗抹在麵包上。

4　放上步驟2，黃檸檬略事洗過後，以起司刨刀削取皮屑撒在麵包上。

Point

花生醬使用沒有甜味的，具有黏性非常適合做為沙拉生菜與麵包之間的黏合材料。生菜與麵包帶有適度的黏合性較為容易享用，當然花生醬本身的濃郁口感也會替料理增添美味。

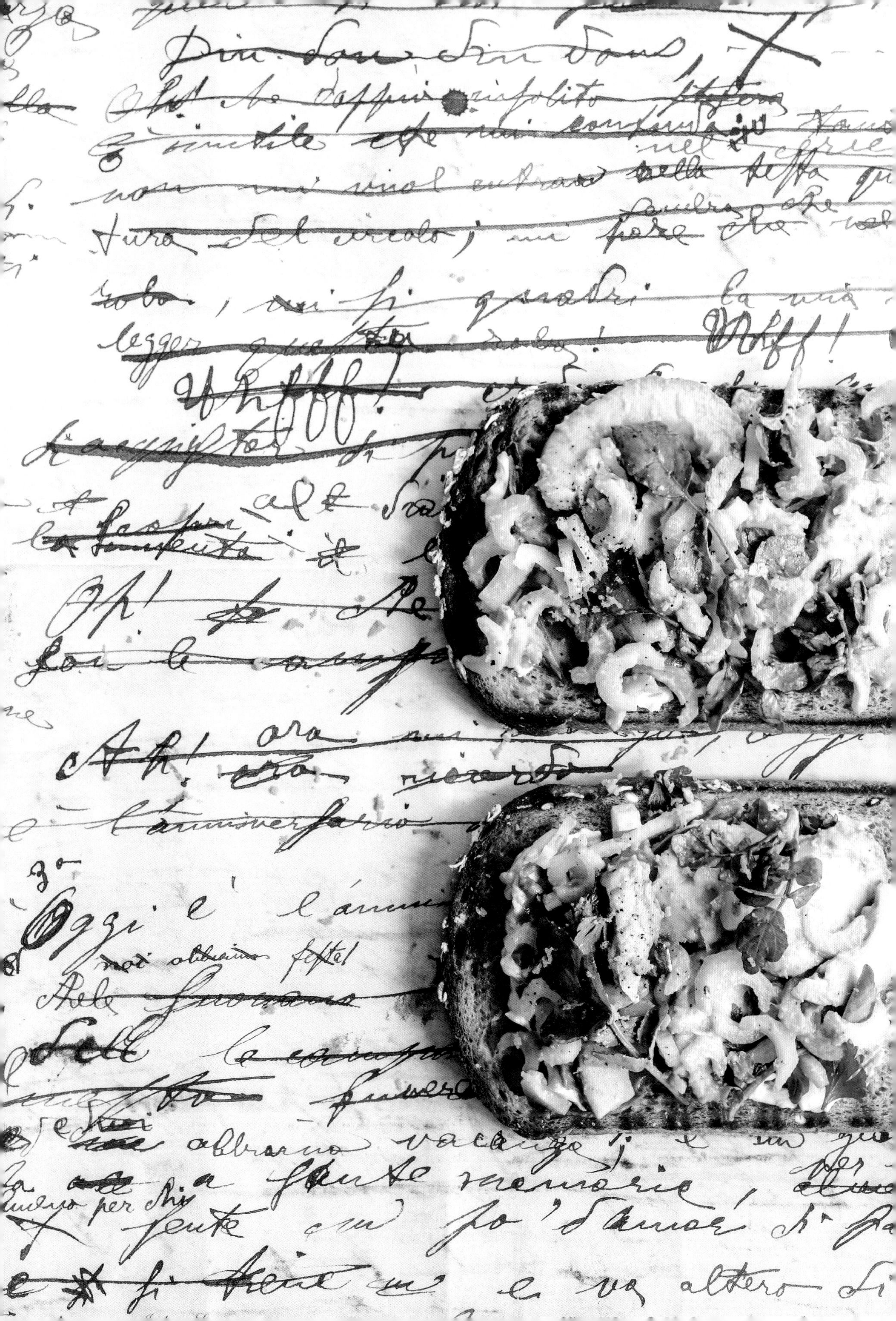

31

鹽味焦糖香蕉開放式三明治

以焦糖化的香蕉作為配料,最後加上一小撮鹽。
讓焦糖的甜味層次更豐富。

■■ 材料(1人份)

Bread
麵包

吐司
半條切成8片厚、1片

＋

香蕉	2根
無鹽奶油	4小匙
細白砂糖	2大匙
鹽	適量

⨴ How to make

1　香蕉斜切成略厚的片狀,排放在平底鍋中。撒上無鹽奶油、細白砂糖後蓋上吐司,開大火。

2　加熱1分鐘左右,奶油融化之後轉中火。將超過麵包邊緣的香蕉以橡皮刮刀朝麵包中央集中,再煎烤5分鐘,熄火。

3　靜置1～2分鐘取一個面積大過平底鍋的盤子倒扣在鍋面後翻面盛盤。

4　依喜好份量撒上鹽即可享用。

Point

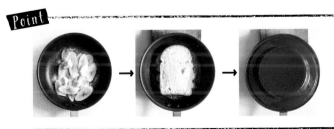

將香蕉排放在平底鍋時,請將範圍控制在麵包大小之內。加熱後奶油與砂糖融化,香蕉如果超出範圍,以橡皮刮刀朝內靠攏。翻面時請使用平坦的盤子。小心不要被加熱過的糖燙傷,迅速翻面。

32

PB & J帕尼尼

將美國最常見的基本點心，花生醬與覆盆子果醬三明治做成帕尼尼。
將麵包烤得香脆的同時，
餡料的花生醬與果醬也融化的恰到好處，
形成絕妙的風味。
推薦使用不甜的花生醬。

:: 材料(1人份)

Bread
麵包

吐司
半條切成8片厚、2片

＋

花生醬...................................適量
覆盆子果醬............................適量

How to make

1 使用燒烤煎鍋或烤箱將吐司烤得香脆。

2 依照花生醬、覆盆子果醬的順序，塗抹喜歡的份量在麵包
上，蓋上另一片麵包。切掉吐司邊後切成容易取食的大小
即可。

巧克力 & 棉花糖帕尼尼

烤得熱呼呼的麵包夾入巧克力與棉花糖，享用時兩種內餡混合在一起產生了爆漿的口感。
請選用一口大小的巧克力使用。

材料(1人份)

Bread
麵包

熱狗麵包
1個

$+$

棉花糖..............................5～6個
巧克力(一口大小)........................5～6個
(亦可使用板狀巧克力替代)
可可粉..................................適量
肉桂粉..................................適量

How to make

1. 將橫剖對半的熱狗麵包表面朝下置於燒烤煎鍋上，將棉花糖與巧克力放好，蓋上另一片麵包，最後蓋上壓板。

2. 以大火烤2分鐘左右。熄火將麵包翻面，再蓋上壓板後靜置2～3分鐘以餘熱加熱。享用前撒上肉桂粉與可可粉、完成。

Point
巧克力與棉花糖交錯排放，口感會變得更好。依照個人喜好撒上肉桂粉增添成熟的風味。

34

季節水果帕尼尼

將季節水果與卡式達醬作為內餡的義大利風帕尼尼。
準備數種水果切成一樣的大小，看起來更繽紛美麗。

材料(1人份)

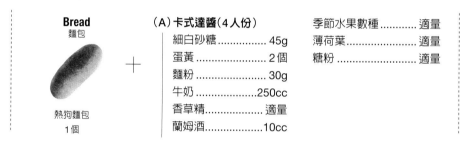

Bread
麵包

熱狗麵包
1個

＋

(A)卡式達醬(4人份)
細白砂糖	45g
蛋黃	2個
麵粉	30g
牛奶	250cc
香草精	適量
蘭姆酒	10cc

季節水果數種	適量
薄荷葉	適量
糖粉	適量

How to make

1　製作卡式達醬。將細白砂糖、蛋黃、麵粉、放入缽盆中攪拌至顏色變白。

2　以小鍋煮沸牛奶，加入步驟1的缽盆中。充分混合均勻、將所有材料移至鍋中，以大火小心不要燒焦，一邊加熱一邊攪拌至濃稠。

3　熄火、加入香草精與蘭姆酒後移至缽盆中冷卻。

4　準備3～4種季節水果，切成一樣的大小。熱狗麵包以燒烤煎鍋或烤箱略事烤過，斜切出缺口。

5　將卡式達醬與季節水果依序夾入麵包中，以薄荷葉裝飾。裝盤後篩上糖粉即可。

35

早餐穀片開放式三明治

濃郁的奶油起司與早餐穀片非常對味。
適合搭配切成薄片的鄉村麵包或法式長棍。

材料(1人份)

Bread
麵包

鄉村麵包
1片

＋

原味優格 2大匙
奶油起司 2大匙
核桃 2個
早餐穀片(Muesli) ..... 喜歡的份量
蜂蜜 .... 適量

How to make

1　將優格與奶油起司充分混合均勻，核桃以烤箱加熱5分鐘
　　左右烤出香味。

2　鄉村麵包以燒烤煎鍋或烤箱略事烤過，塗上步驟1、早餐
　　穀片與切成粗末的核桃，最後依照喜好淋上適量的蜂蜜就
　　完成了。

Point

早餐穀片未經加熱處理，與奶油
起司和優格做成的抹醬混合後會
有濕潤的口感。也可依照喜好改
成綜合果麥堅果(Granola)。綜合
果麥堅果經加熱製成所以會變成
脆脆的口感。

蜂蜜黃檸檬開放式三明治

以切成薄片的蜂蜜漬黃檸檬做成的開放式三明治。
除了肉桂粉以外，使用薑或者肉荳蔻粉也很美味

■ 材料（1人份）

Bread
麵包

＋

吐司
半條切成8片厚、1片

黃檸檬............................ 1個
蜂蜜 50cc
細白砂糖 25g
無鹽奶油 .... 適量
肉桂粉 .... 適量

≋ How to make

1　黃檸檬以熱水略微洗過，擦乾水分後切成薄片，排放在容器中，放入蜂蜜與細白砂糖靜置一晚。

2　將吐司以燒烤煎鍋或烤箱烤成金黃後塗上無鹽奶油。將步驟1的黃檸檬排放在吐司上，依照喜好撒上肉桂粉與細白砂糖（份量外）。淋上些許容器中的蜂蜜也很美味。

Point

黃檸檬切成生食也恰當的薄片後以蜂蜜醃漬。由於連皮一起享用，所以請選購表皮沒有上蠟或者有機的種類。此外，如果不想連皮食用可留下白色部分削去外皮。冷藏約可保存一週，所以很推薦一次做好一些備用。

Joy Cooking

帕尼尼熱三明治&開放式三明治

作者　淺本充 MAKOTO ASAMOTO

翻譯　許孟菡

出版者／出版菊文化事業有限公司　P.C. Publishing Co.

發行人　趙天德

總編輯　車東蔚

文案編輯　編輯部　美術編輯　R.C. Work Shop

台北巾雨聲街77號1樓

TEL：(02)2838-7996　　FAX：(02)2836-0028

法律顧問　劉陽明律師　名陽法律事務所

初版日期　2015年7月

定價　新台幣 300元

ISBN-13：9789866210358　　書　號　J108

讀者專線　(02)2836-0069

www.ecook.com.tw

E-mail　service@ecook.com.tw

劃撥帳號　19260956 大境文化事業有限公司

PANINI TO OPEN SANDWICHES
©Nitto Shoin Honsha Co., Ltd. 2014
Originally published in Japan in 2014 by NITTO SHOIN HONSHA Co.,Ltd., TOKYO.
Traditional Chinese translation rights arranged through TOHAN CORPORATION, TOKYO.

帕尼尼熱三明治 & 開放式三明治
淺本充 MAKOTO ASAMOTO 著 初版. 臺北市：出版菊文化，
2015[民104]　96面；19×26公分. ----(Joy Cooking系列：108)
ISBN-13：9789866210358
1.速食食譜　　427.14　　　104009230

撮影　　　加藤新作
デザイン　工藤雄介
スタイリスト　岩崎牧子
構成　　　森田有希子
企画　　　牧野貴志
進行管理　中川通、渡辺昱、
　　　　　編笠屋俊夫(辰巳出版)